공부가 되는

과학 백과 지구

공부가 되는
과학 백과 지구

초판 1쇄 발행 2011년 12월 30일
초판 2쇄 발행 2017년 5월 17일

지은이 글공작소

책임편집 주리아, 인우리
책임디자인 김수원

펴낸이 이상순
주 간 서인찬
편집장 박윤주
기획편집 윤소라
디자인 오세라, 노민지
마케팅 홍보 김미숙, 이상광, 공경태, 박순주

펴낸곳 (주)도서출판 아름다운사람들
주소 (413-756) 경기도 파주시 교하읍 문발리 파주출판문화정보단지 534-2
대표전화 (031)955-1001 **팩스** (031)955-1083
이메일 books777@naver.com
홈페이지 www.books114.net

ⓒ2011, 글공작소
ISBN 978-89-6513-137-3 63400
ISBN 978-89-6513-376-6   (세트)

공부가 되는
과학 백과 지구

지음 글공작소 | **추천** 오양환 (前 하버드대 교수)

아름다운사람들

공부가 되는
과학 백과 지구

아이들이
『공부가 되는 과학 백과』를
읽으면 좋은 이유

1 과학은 호기심으로부터 출발합니다

모든 과학은 호기심으로부터 출발합니다. 아이들은 자연 속에서 만나는 궁금하고 호기심 가는 것들에 대해 쉴 새 없이 질문을 던집니다. 이렇게 과학은 일상의 궁금증과 호기심에서 출발하기에 가장 재미있는 분야입니다. 별은 왜 반짝이는지, 어떻게 지구가 도는지 등 아이들은 온갖 궁금증을 쏟아냅니다. 이때가 가장 중요합니다. 이때 일상의 궁금증에 대해 쉽고 재미있게 그 원리와 이치를 알게 되면 아이들은 지속적으로 과학에 대한 흥미를 잃지 않고 관심을 가질 것입니다. 『공부가 되는 과학 백과』는 바로 아이들의 일상적 호기심을 과학으로 연결시킨 책입니다.

2 과학은 세계를 이해하는 하나의 방법입니다

과학과 친해지면 우리는 자연과 우주가 제멋대로 움직이지 않는다는 것을 알게 됩니다. 그리고 우주와 자연의 질서는 어떤 규칙을 가지고 우리가 예측할 수 있는 방식으로 움직인다는 것을 깨닫게 됩니다. 이런 규칙과 움직임을 인간의 사고력으로 탐구하고 밝혀낸 것이 과학입니다. 그래서 우리 아이들이 과학과 친해진다는 것은 세상을 흥미진진하게 바라보는 통찰력과 논리적 사고력을 함께 갖게 되는 것을 의미합니다. 이 책은 과학이 책 속의 이론과 원리로만 존재하는 지루한 것이 아니라 일상의 호기심에서 출발한 과학적 원리들이 우리 자신과 자연 그리고 우주를 하나로 연결해 주는 살아 있는 삶의 규칙이자 법칙이라는 것을 깨닫게 합니다.

3 생활 속에서 깨치는 과학의 비밀

『공부가 되는 과학 백과』는 우리 아이들이 생활 속에서 가장 많이 질문하고 궁금해하는 것에 대해 요모조모 아주 재미있게 설명하고 있습니다. 그리고 그 설명이 과학의 원리와 이론으로 자연스럽게 이어져 어렵지 않게 과학의 원리를 이해할 수 있도록 만들었습니다. 그래서 아이들이 과학을 공부한다고 느끼는 것이 아니라 자신의 호기심과 궁금증을 해결하고 싶어서 책을 들추어 보다가 과학의 비밀을 깨치도록 하고 있습니다. 이 책은 쉽고 재미있게 아이들의 호기심을 해결해 주는 생활 속의 해결사 노릇을 하면서 우리 아이들을 과학에 빠져들게 합니다.

4 공부의 즐거움을 깨치는 〈공부가 되는〉 시리즈

〈공부가 되는〉 시리즈는 공부라면 지겹게만 여기는 우리 아이들에게 "아, 공부가 이렇게 즐거운 것이구나!" 하는 것을 깨쳐 주면서 아울러 궁금한 것이 많은 우리 아이들의 지적 호기심도 동시에 해결해 주는 시리즈입니다. 공부의 맛과 재미는 탄탄한 기초 교양의 주춧돌 위에 세워질 때 그 효과가 배가됩니다. 그리고 그 기초 교양은 우리 아이들이 학습에서 자기 주도적 능력을 내는 데 큰 밑거름이 됩니다. 『공부가 되는 과학 백과』는 우리 아이들에게 생활과 자연 속에서 만나게 되는 과학에 대한 궁금증을 속 시원히 해결해 줄 것입니다. 부디 우리 아이들이 『공부가 되는 과학 백과』를 과학에 대한 흥미뿐만 아니라 궁금증과 탐구 정신을 한껏 높여 가는 징검다리로 삼길 바랍니다.

지구는 1초에 30킬로미터씩 공전해요

지구는 1초에 약 30킬로미터라는 어마어마한 속도로 태양 주위를 돌고 있어요. 그런데 우리는 전혀 느끼지 못할 뿐만 아니라 조금도 어지럽지 않아요. 그리고 지구는 이런 어마어마한 속도로 돌아야만 1년에 한 바퀴씩 태양을 돌 수 있어요.

지구가 태양 둘레를 1년에 한 바퀴씩 도는 것을 공전이라고 해요. 공전이란 한 천체가 다른 천체를 일정하게 도는 것을 말해요. 그러니까 지구가 태양 둘레를 도는 것도 공전이고, 달이 지구의 둘레를 도는 것도 공전이에요.

지구는 1초에 466미터 씩 자전해요

또한 지구는 1초에 약 466미터의 속도로 스스로 빙글빙글 돌고 있어요. 사람은 제일 빨리 뛰어야 10초에 겨우 100미터를 가는데 지구는 무려 1초에 466미터를 돈다고 하니 정말 어지러울 만큼 빠른 속도예요. 지구는 이런 속도로 돌아야 하루에 한 번 360도를 돌 수 있어요. 지구나 달 같은 천체가 스스로 도는 것을 자전이라고 해요. 그러니까 자전이란 지구 같은 천체가 고정된 축을 중심으로 스스로 회전하는 운동을 말해요.

지구의 주인은 누구일까?

지구에서 가장 오래 전부터 살고 있는 생물은 곤충이에요. 곤충은 지금으로부터 약 3억 5,000만 년 전 지구에 나타나 지금까지 살고 있어요. 그리고 약 2억 2,500만 년 전에는 공룡이 번성했다가 멸망했어요. 그에 비하면 인간은 겨우 약 200만 년 전에 나타나 지금까지 살고 있어요. 이들에 비해 곤충은 현재 약 300만 종에 이르고 그 숫자는 지구 생물의 약 4분의 3을 차지할 정도로 엄청나게 많아요. 숫자로 본다면 현재 지구의 주인은 곤충이라고 할 수 있어요.

우리 몸도 지구를 따라 돌고 있어요

이처럼 지구는 숨도 쉬지 못할 정도의 빠른 속도로 공전과 자전을 하고 있어요. 그런데 우리는 왜 조금도 느끼지 못할까요? 그 이유는 우리 몸도 지구를 따라 함께 돌고 있기 때문이에요.

엘리베이터를 타고 있을 때를 생각하면 이해가 쉬워요. 엘리베이터가 정지했다가 움직일 때 우리는 그 움직임을 금방 느낄 수 있어요. 그런데 일정한 속도로 계속 올라가다 보면 어느 순간 엘리베이터가 가만히 있는 것 같은 착각이 들때가 있어요. 그리고 다시 멈추기 위해 엘리베이터의 속도가 느려지면 우리는 다시 엘리베이터가 움직이고 있다는 것을 느껴요. 하지만 엘리베이터와 달리 지구는 빠르기의 변화 없이 늘 같은 속도로 움직이고 있어요. 그래서 우리는 지구가 도는 것에 적응이 되어 어떤 움직임도 느낄 수 없는 거예요.

우주에서 보면 지구가 돌아요

만약 어느 날 갑자기 지구의 속도에 조금이라도 변화가 생기면 우리는 지구가 돌고 있다는 것을 단번에 느낄 수 있을 거예요. 지금 이 순간에도 지구는 엄청난 속도로 자전과 공전을 하고 있어요. 그래서 지구 밖에서 보면 지구가 돌고 있다는 것을 알 수 있어요. 과학이 발달하면 지구의 자전과 공전을 구경하는 우주여행도 할 수 있겠지요.

지구는 46억 년 전에 태어났어요

지구는 지금으로부터 약 46억 년 전에 태어났어요. 약 46억 년 전 우주에서 소용돌이치던 가스와 먼지 등이 모여서 지구를 만들었어요. 이렇게 가스와 먼지 등으로 이루어진 지구를 원시 지구라고 불러요. 지구가 단단한 땅이 아니라 기체로 이루어진 이 시기를 하데스 시기라고 해요.

38억 년 전에 생명이 탄생했어요

가스나 먼지 등으로 이루어진 원시 지구의 하데스를 지나 지구가 단단한 땅으로 바뀐 시대를 지질 시대라고 불러요.

지구는 지질 시대가 시작되면서 생명이 탄생했어요. 그리고 지질 시대는 시간에 따라 여러 시기로 나누어져요. 먼저 맨 처음의 지질 시대를 선캄브리아대라고 불러요. 이때 바닷속에서 최초의 생명체인 박테리아가 탄생했어요. 선캄브리아대는 지금으로부터 약 38억 년 전에서 5억 4,000만 년 전까지를 말해요.

새의 조상은 뭘까?

지금까지 밝혀진 바로는 새의 조상은 시조새라고 알려져 있어요. 독일 지방에서 화석으로 발견된 시조새는 조류와 파충류의 중간형으로 몸의 길이는 40센티미터 정도예요. 머리는 작고 눈이 크며 부리에는 날카로운 이가 있었어요. 또한 날개의 끝에는 발톱이 달린 세 개의 발가락이 붙어 있었어요.

고생대에 물고기가 나타났어요

선캄브리아대 다음 시대를 고생대라고 불러요. 고생대는 대체로 지구의 날씨가 따뜻해 생물들이 빠른 속도로 늘어났어요. 특히 고생대 말기에는 어류가 번성했고 이때 거대한

잠자리도 나타났어요. 고생대는 지금으로부터 약 5억 4,000만 년 전에서 2억 4,500만 년 전까지를 말해요.

중생대에 공룡이 나타났어요

고생대 다음은 중생대예요. 중생대는 공룡이 지구의 주인으로 나타나 번성했어요. 이때 사람은 아직 지구에 나타나지 않았어요. 중생대는 공룡뿐만 아니라 여러 종류의 파충류와 원시 포유류도 함께 살았어요. 그리고 하늘을 나는 시조새도 등장했어요. 중생대는 지금으로부터 약 2억 4,500만 년 전에서 6,500만 년 전까지를 말해요.

신생대에 인류가 탄생했어요

고생대와 중생대를 지나 현재까지를 신생대라고 불러요. 신생대는 중생대의 주인이었던 공룡이 사라지고 사람을 포함한 포유류가 나타났어요. 인류의 조상으로 불리는 오스트랄로피테쿠스도 이때 등장했어요. 그리고 인류는 점점 진화를 거듭하여 오늘날의 인류가 되었어요. 신생대는 6,500만 년 전에서 지금까지를 말해요. 현재 지구는 신생대가 계속되고 있어요.

암석을 통해서 나이를 알아내요

지구의 나이는 무엇을 통해 알아낼까요? 암석을 조사하면 지구의 나이를 알 수 있어요. 지구는 가스 상태로 있다가 지금처럼 단단한 암석 덩어리로 바뀌었어요. 이런 이유로 지구에 있는 암석을 조사해서 지구의 나이가 몇 살쯤인지를 알아내는 거예요.

또한 우리 눈에는 보이지 않지만 암석에는 방사성 물질이란 것이 들어 있어요.

돌 속의 방사성 물질로 알 수 있어요

이 방사성 물질은 자연 상태에서 아주 천천히 다른 물질로 변하는 성질이 있어요. 예를 들어 방사성 물질인 우라늄 235번은 7억 1,300만 년이 지나면 질량이 반으로 준다고 해요. 이처럼 방사성 물질이 반으로 줄어드는 시기인 반감기를 이용해 과학자들은 지구의 나이를 가늠해 냈어요.

지구에서 가장 오래된 돌은 몇 살일까?

지구에서 발견된 돌로 조사한 결과 가장 오래된 돌의 나이는 약 40억 년쯤이라고 해요.
40억 년이 된 돌이 발견되는 곳은 주로 남아메리카나 남극이라고 해요. 이런 돌들은 지구가 처음 생길 때 만들어진 돌이라고 추측하고 있어요.
하지만 지구에 있는 돌은 외부 환경에 의해 계속 변하기 때문에 정확한 지구의 나이를 그대로 나타내지는 못해요.

지구 밖의 돌로 지구의 나이를 알아내요

하지만 지구에 있는 돌은 시간이 지나면서 계속 변해요. 그래서 지구가 처음 생길 때 만들어진 돌을 찾기가 쉽지는

않아요. 이 때문에 지구 밖에 있는 돌을 이용해서 지구의 나이를 알아내기도 해요. 지구는 태양계와 함께 만들어졌기 때문에 지구 밖에는 그때 만들어진 돌들이 남아 있어요. 그러면 지구 밖의 돌을 어떻게 구할 수 있을까요?

지구 밖의 돌이란 운석을 말해요

지구 밖의 돌이란 바로 운석을 말해요. 우주 공간에서 지구로 떨어진 암석이 지구의 대기와 마찰하여 다 불타지 못하고 땅에 떨어진 돌을 운석이라고 해요. 운석은 지구 밖에서 거의 진공 상태로 있었기 때문에 지구 안의 돌들보다 변화가 훨씬 적어요. 그래서 처음 지구가 만들어질 때의 돌의 성질을 그대로 가지고 있어요. 운석에도 역시 방사성 물질이 들어 있어요. 그래서 과학자들은 이 운석에 들어 있는 방사성 물질의 반감기를 이용해 지구의 나이를 알아내는 거예요.

▼ 지구에서 20억 년 동안 일어난 지질 변화를 보여 주는 미국의 그랜드 캐니언 모습

지구가 우리를 잡아당기고 있어요

지구는 둥글기 때문에 지구에 있는 모든 물건의 절반은 거꾸로 매달려 있어요. 그런데 왜 지구 밖으로 떨어지지 않을까요? 그 이유는 지구가 모든 물체를 강하게 끌어당기고 있기 때문이에요. 지구는 물, 사람, 돌, 흙 등 지구에 있는 모든 것들을 지구의 중심으로 끌어당기고 있어요. 이처럼 지구가 지구 중심으로 뭔가를 끌어당기는 힘을 중력이라고 해요.

중력이 없으면 사람은 둥둥 떠다녀요

만약 지구에 중력이 없다면 높은 데서 떨어지는 물체는 땅으로 떨어지지 않고 하늘로 날아가 둥둥 떠다닐 거예요. 그러니까 중력이 없으면 사람을 포함한 지구에 있는 모든 것들은 하늘로 둥둥 떠다니게 되어요.

달도 지구를 떠나지 못해요

달도 지구를 떠나지 못하고 일정한 거리에서 지구를 빙빙 도는데 이것도 바로 지구의 중력 때문이에요. 이처럼 지구뿐만 아니라 모든 물건에는

지구가 둥글다는 것을 어떻게 알 수 있을까?

우주로 나가지 않고도 지구가 둥글다는 것을 알아내는 방법이 있어요. 먼저 바닷가로 나가요. 그렇게 수평선을 바라보면서 배가 들어오는 것을 지켜보면 돼요. 배가 들어오는 모습을 잘 살피면 처음에는 배의 제일 윗부분만 보일 거예요. 그러다가 차츰차츰 배의 윗부분이 차례로 드러나면서 나중에는 배 전체 모습을 볼 수 있어요. 만약 지구가 둥글지 않다면 배가 처음 수평선에 나타났을 때부터 전체 모습을 볼 수 있어야 해요. 하지만 배는 윗부분부터 보이고 이것은 지구가 둥글다는 증거가 되어요.

서로 끌어당기는 힘이 있는데 이것을 만유인력이라고 해요. 만유인력 중에 지구가 물건을 끌어당기는 힘을 특히 중력이라고 해요. 만유인력은 뉴턴이라는 영국의 과학자가 발견했어요. 뉴턴은 어느 날 과수원에서 우연히 사과가 땅으로 떨어지는 것을 보고 '왜?'라는 의문을 가졌어요. 그리고 고민 끝에 모든 물체는 끌어당기는 힘, 즉 인력이 있다는 것을 발견하게 된 거예요. 참고로 달의 중력은 지구의 6분의 1 정도예요. 그러니까 몸무게가 120킬로그램인 사람이 달에서 무게를 재면 20킬로그램밖에 되지 않아요.

▲ 우주에서 바라본 둥근 지구의 모습

지구의 그림자가 달을 가려요

달도 지구처럼 둥근 공 모양을 하고 있어요. 그리고 달 역시 지구와 마찬가지로 스스로 빛을 내지 못해요. 그래서 우리가 달을 볼 수 있는 것은 햇빛 때문이에요.

우리 눈에 보이는 달의 모양이 달라지는 것은 달과 지구의 움직임에 따라 지구의 그림자가 달을 가리는 부분이 달라지기 때문이에요. 지구의 그림자가 달을 가리는 만큼 그 부분은 햇빛이 비치지

않기 때문에 햇빛이 비친 모양만큼만 달의 모양을 볼 수 있는 거예요. 지구의 그림자가 달을 가리지 않으면 보름달을 볼 수 있고 완전히 가리면 볼 수 없게 되는 거예요.

보름달이 되는 데 29.5일 걸려요

달은 지구의 위성으로 일정한 속도로 지구를 공전하고 있어요. 달이 지구를 한 바퀴 도는 데 걸리는 시간은 약 27.3일이에요. 그런데 달이 지구를 한 바퀴 도는 동안 지구도 가만히 있지 않고 태양을 향해 돌고 있어요. 그래서 달이 처음 보름달이 되고 다시 보름달이 되는 데는 27.3일이 걸리는 것이 아니라 이틀이 조금 더 걸려서 29.5일이 걸리는 거예요.

달은 지구의 위성이에요

행성의 인력에 이끌려 행성을 돌고 있는 천체를 위성이라고 해요. 달은 행성인 지구의 인력에 이끌려 지구 주위를 돌

고 있는 지구의 위성이에요. 지구는 위성이 달 하나밖에 없어요. 태양계 중에 수성과 금성은 위성이 없고 화성은 두 개의 위성이 있어요. 태양계에는 약 240개의 위성이 있다고 알려져 있어요. 여기에 사람이 만든 인공위성까지 합치면 위성의 수는 엄청 많아요.

스스로 빛을 내면 항성이라고 해요

태양처럼 스스로 빛을 내는 천체를 항성이라고 해요. 태양계가 포함된 우리 은하계에는 약 1,000억 개 정도의 항성이 있다고 여겨져요. 반면에 행성은 스스로 빛을 내지는 못하지만 항성 주위를 도는 천체를 말해요. 태양계 안에는 지구를 포함하여 수성, 금성, 화성, 목성, 토성, 천왕성, 해왕성 등 모두 여덟 개의 행성이 있어요.

그리고 은하계는 항성을 비롯한 수많은 별들의 집단을 말해요. 그중에 우리 은하계는 지구가 있는 태양계가 포함된 은하계를 일컬어요.

▲ 지구 주위를 돌고 있는 달의 모습

달의 인력이 밀물을 만들어요

밀물은 바닷물이 해안까지 밀려들어 오는 현상을 말하고 썰물은 해안에서 바다 쪽으로 물이 빠져나가는 현상을 말해요. 밀물과 썰물이 생기는 것은 달의 인력과 지구의 원심력 때문이에요. 달은 자신과 가까이 있는 지구의 바닷물을 끌어당겨요. 이때 바닷물이 달 쪽으로 끌려 올라가요.

지구의 원심력도 밀물을 만들어요

그리고 달의 반대편에 있는 바닷물은 지구의 원심력 때문에 바깥으로 나가려고 하는 힘이 생겨 바닷물의 높이가 올

라가요. 이렇게 달에서 가장 가까
운 바닷물과 달의 반대편에 있는
바닷물은 밀물이 되어요.

　이렇게 물이 끌려가고 나면 지
구의 중간 부분은 물이 빠져나가
요. 이때 지구의 중간 부분은 썰
물이 되는 거예요. 물론 태양의 인력도 영향을 미치지만 워
낙 멀리 떨어져 있기 때문에 그 영향력은 아주 미미해요. 원
심력이란 원운동을 하는 물체가 원의 바깥으로 나가려고 하
는 힘을 말해요.

밀물과 썰물은 하루에 두 번 일어나요

　밀물과 썰물은 하루에 두 번 일어나요. 지구가 하루에 한
번 자전하는 동안 한 번은 달의 인력에 의해서, 또 한 번은
지구의 원심력에 의해서 밀물과 썰물 현상이 일어나요.

　　우리나라는 동해안보다 서해안이 밀물과 썰물의 차이가

커요. 그 이유는 바다의 형태 때문에 그래요. 동해안은 바다

가 깊고 해안선이 완만하기 때문에 밀물과 썰물 현상이 일

어나도 표가 잘 나지 않아요. 그러나 서해안은 해안선이 복

잡하고 바다가 얕아서 밀물과 썰물 현상을 확연히 알 수 있

어요. 예를 들면 서해안은 밀물과 썰물의 차이가 약 5미터

정도가 나지만 동해안은 약 30센티미터 정도밖에 되지 않아

요. 그래서 사람 눈으로는 동해안에 밀물과 썰물 현상이 일

어난 것을 알기 어려워요.

▶ 달의 중력과 지구의 원심력에 의해 일어나는 밀물과 썰물의 모습

지구의 공전 때문에 생겨요

계절은 지구의 공전 때문에 생겨요. 더 자세히 말하면 지구가 태양을 23.5도 옆으로 삐딱하게 기울어져 공전하기 때문에 계절이 생겨요. 그래서 어떤 때는 지구의 북쪽이 햇볕을 더 많이 받고 또 어떤 때는 지구의 남쪽이 햇볕을 더 많이 받으면서 기온의 변화가 생겨 계절이 만들어지는 거에요.

지구의 남과 북은 정반대의 날씨가 돼요

지구의 북쪽이 태양 쪽을 향할 때 북반구는 더운 여름이

되고 반대편의 남반구는 추운 겨울이 되어요. 반대로 남반구가 태양 쪽을 향하면 남반구는 더운 여름이 되고 북반구는 추운 겨울이 되어요. 남반구와 북반구는 적도를 경계로 지구를 둘로 나누었을 때 북쪽 부분은 북반구, 남쪽 부분은 남반구라고 해요.

남반구는 여름에 크리스마스가 돼요

그래서 북반구에 있는 우리나라가 겨울에 크리스마스를 맞이하면 남반구에 있는 뉴질랜드나 오스트레일리아는 여름에 크리스마스가 오는 거예요. 그리고 북반구와 남반구를 가르는 기준이 되는 적도는 1

지구에서 가장 추운 곳은 어딜까?

우리나라는 남쪽보다 북쪽이 더 추워요. 하지만 남극과 북극 중에서는 남극이 더 추워요. 남극은 일 년 내내 영하 30~50도 사이를 오간다고 해요. 하지만 북극은 남극과 달리 겨울에는 영하 30도 정도이지만 여름에는 영상 10도까지도 올라가요. 남극이 북극보다 더 추운 이유는 바로 복사열 때문이에요. 남극은 거대한 얼음 덩어리가 덮고 있어서 태양의 복사열을 반사하지만 북극은 남극에 비해 주위의 바다가 복사열을 많이 받아들여서 더 따뜻하다고 해요.

년 내내 태양열을 많이 받기 때문에 사계절 여름이에요. 반대로 햇볕을 제대로 받지 못하는 북극과 남극은 1년 내내 추운 겨울이 되어요.

남극은 대륙이고 북극은 바다예요

지구의 남쪽 끝에 있는 남극은 육지지만 북쪽 끝에 있는 북극은 바다가 얼어붙은 얼음덩어리예요. 남극은 전 세계 면적의 9.2퍼센트를 차지하고 있어요. 남극점을 중심으로 펼쳐진 남극 대륙은 너무 추운 날씨 때문에 사람은 살지 않지만 그 대신 펭귄, 바다표범, 고래 따위가 대륙의 주인이 되

어 살고 있어요. 그래서 북극과 남극을 구분할 때 북극은 바

다여서 북극해라 부르고 남극은 땅이라서 남극 대륙이라 불

러요.

▼ 지구의 가장 추운 곳, 남극 대륙

" 지구는 파랗습니다"

1961년 4월 12일 옛 소련의 우주 비행사 유리 가가린은 우주선 보스토크 1호를 타고 우주로 나가서 인류 최초로 지구를 본 사람이에요. 유리 가가린이 한 시간 반 동안 우주여행을 마치고 돌아오자 사람들이 몰려들어 지구가 어땠는지를 물었어요.

그러자 유리 가가린은 이렇게 대답했어요.

"지구는 파랗습니다."

푸른빛의 산란 때문에 지구가 파래요

태양 빛이 지구로 들어오게 되면 지구를 둘러싸고 있는 공기에 부딪히면서 사방으로 반사돼요. 빛이 공기를 이루고 있는 산소, 질소, 수증기, 먼지 등과 같은 작은 알갱이들에 부딪혀서 튕겨 나가는 거예요. 이렇게 빛이 공기에 부딪혀 튕겨 나가는 것을 빛의 산란이라고 해요. 이때 자외선 쪽(파란 쪽)의 빛이 더 잘 튕겨 나가 흩어지고 적외선 쪽(붉은 쪽)의 빛은 잘 튕기지 않는 성질이 있어요. 넓게 퍼지고 흩어지는 것을 산란이라고 해요.

하늘과 바다의 색깔이 지구의 색깔을 결정해요

넓게 산란된 푸른빛이 하늘에 퍼져 있으면 하늘은 푸른 빛깔로 보여요. 그리고 바다가 푸르게 보이는 것도 하늘이 푸르게 보이는 것과 같은 이치예요. 바다로 간 빛은 이때도

역시 푸른빛만 넓게 흩어지고 다른 빛은 퍼지지 않고 그대로 통과해 버리기 때문에 푸른빛만 보이는 거예요. 그래서 하늘과 바다가 온통 푸른빛으로 덮여 있게 되는 거예요. 그래서 지구 밖에서 지구를 보면 하늘과 바다에 있는 넓게 퍼진 푸른 색깔이 지구의 색깔로 보이는 거예요.

▲ 하늘과 바다의 푸른빛 때문에 푸르게 보이는 지구의 모습

옛날에 땅은 하나로 붙어 있었어요

지금으로부터 약 2억 년 전까지 지구의 땅덩어리는 지금처럼 갈라지지 않고 하나의 대륙으로 붙어 있었어요. 그러던 것이 차츰차츰 두 개의 덩어리로 나누어졌고 마침내 지금과 같은 여러 덩이의 대륙이 되었어요.

땅이 이동하면서 갈라졌어요

1912년 독일의 과학자 베게너는 '대륙 이동설'을 주장했어요. 남아메리카와 아프리카는 원래 한 덩어리로 붙어 있었는데 오랜 세월을 두고 천천히 떨어지면서 지금과 같은

모양이 되었다고 했어요. 하지만 처음에는 아무도 베게너의 말을 믿지 않았어요. 그러나 나중에 베게너의 주장이 옳다는 것이 밝혀졌어요.

지구의 땅은 여러 개의 판으로 나누어져 있어요

베게너의 주장은 '판 구조론'으로 자리를 잡았어요. '판 구조론'은 지구의 겉 부분이 여러 개의 판으로 나누어져 있다는 주장이에요. 오늘날 이 '판 구조론'은 지진과 화산 등이 왜 일어나는지를 밝히는 데도 아주 중요한 역할을 하고 있어요.

옛날 지구의 땅덩어리는 무엇이라 부를까?

옛날 하나로 붙어 있던 지구의 땅덩어리는 판게아라고 불러요. 그러니까 판게아란 지구의 땅덩어리가 하나로 연결되어 있던 대륙을 부르는 이름이에요. 이 이름은 1915년 베게너가 지구의 땅덩어리는 서로 이동하여 오늘날과 같은 대륙을 만들었다는 '대륙 이동설'을 주장하면서 붙인 이름이에요. 판게아에서 판은 '하나'라는 뜻이고 게아는 '땅'이라는 말이에요.

우주에서는 둥글게 보여요

지구 안에 살고 있는 우리는 도저히 지구가 둥글다는 게 믿기지 않아요. 높은 산과 깊은 강으로 이루어져 온통 울퉁불퉁한데 말이에요. 사실 지구는 워낙 커서 우리는 지구 전체의 모습을 볼 수 없어요. 하지만 지구를 다 볼 수 있는 우주로 나가면 그 울퉁불퉁한 지구도 둥근 공처럼 보여요. 지구를 찍은 사진만 봐도 그것을 단번에 알 수 있어요. 그러니까 지구는 우주에서 전체를 보면 둥글게 보이지만 지구 안에 살고 있는 우리에게는 온통 울퉁불퉁한 거예요. 그러면 지구는 왜 울퉁불퉁하게 되었을까요?

땅끼리 부딪혀 울퉁불퉁해져요

지구의 표면을 지각이라고 하는데 지각은 우리 눈에는 잘 보이지 않지만 사실 여러 조각으로 나누어져 있어요. 그리고 지구는 1년에 약 4센티미터 정도씩 계속 움직이고 있어요. 1년에 4센티미터라고 하면 아무것도 아닌 것 같지만 지구의 나이가 약 46억 살이니 1년에 4센티미터씩 46억 년 동안 움직였다고 생각해 보세요. 어마어마하게 움직인 것이 되어요. 이렇게 땅은 계속 움직이면서 서로 부딪히고 꺼지면서 울퉁불퉁해졌어요.

지각은 맨틀 때문에 움직여요

그러면 지각은 왜 이렇게 움직이고 있을까요? 이유는 바

로 지구의 안쪽에 있는 맨틀 때문에 그래요. 맨틀은 지구의 지각과 핵 사이에 있는 부분을 말해요. 맨틀은 지각 약 30킬로미터 지점에서 지구 속으로 약 2,900킬로미터 지점까지를 말해요. 맨틀은 아주 뜨겁고 끈끈한 물질로 되어 있고 천천히 움직여요. 그런데 지각은 맨틀에 붙어 있기 때문에 맨틀이 움직이면 지각도 따라서 함께 움직이면서 땅도 움직이는 거예요.

지구 속은 여러 층으로 나누어져요

지구 속은 지구 안쪽에서부터 바깥쪽으로 내핵, 외핵, 맨틀, 지각으로 이루어져 있어요. 가장 바깥쪽에 있는 지각은 그 두께가 얇아서 변화가 아주 심해요. 그리고 그다음 맨틀은 끈끈한 물질로 이루어져 액체처럼 활동하며 움직여요. 마지막으로 핵은 맨틀, 지각과는 다르게 금속으로 되어 있어요. 지구 초기에 무거운 원소들이 낮은 곳으로 모이면서 핵이 형성되었어요. 핵은 외핵과 내핵으로 나뉘는데 외핵은 액체 상태, 내핵은 고체 상태일 것으로 추측해요.

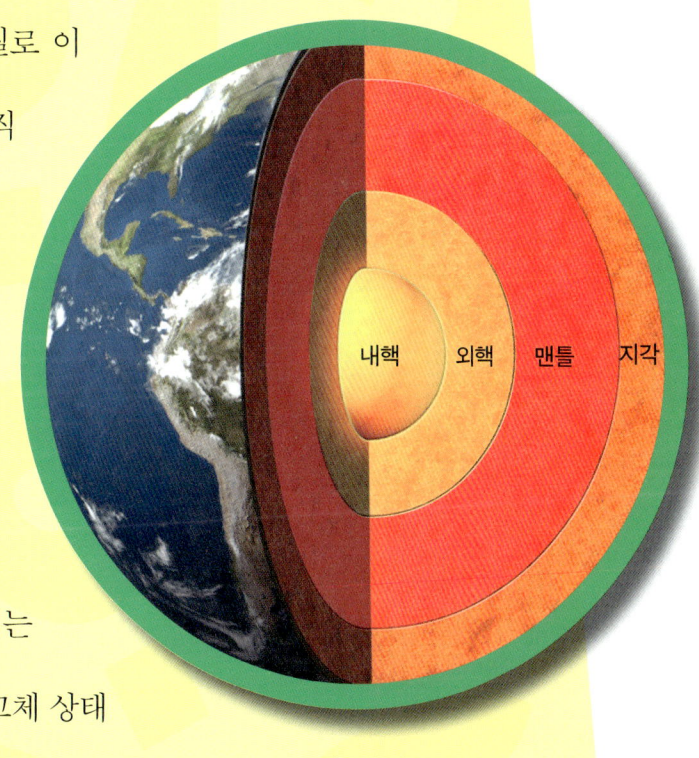
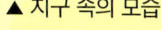

▲ 지구 속의 모습

맨 처음 지구는 질퍽질퍽했어요

가스나 먼지에서 탄생한 맨 처음 지구는 화산 폭발 등이 일어나면서 바위가 녹아내려 질척거리는 거대한 불덩어리를 이루었어요. 이때 지구는 온몸이 액체처럼 질퍽했기 때문에 무거운 것은 가라앉고 가벼운 것은 위로 올라왔어요. 그래서 지구 속은 무거운 금속이 자리 잡았고 상대적으로 가벼운 것은 지구 표면을 이루게 되었어요.

지구 속은 엄청 뜨거워요

이렇게 무거운 것은 지구 속으로 가라앉고 가벼운 것은

지구 표면을 만들면서 지구는 서서히 식어갔어요. 그리고 오랜 세월이 지나 오늘날의 지구 속이 되었어요. 그래서 지구 한가운데는 무거운 금속인 철과 니켈 같은 것들로 이루어져 있어요.

먼저 지구에서 가장 깊은 곳인 내핵은 온도가 약 4,000~5,000도 정도가 될 정도로 어마어마하게 뜨거워요. 그리고 외핵은 액체 상태의 핵 바깥쪽 부분을 말해요. 그다음이 지구의 핵을 둘러싸고 있는 맨틀이에요. 맨틀은 지구 부피의 약 83퍼센트를 차지할 정도로 제일 커요. 그다음이 우리가 땅을 딛고 사는 지각이에요. 지각의 깊이는 지구의 표면에서 약 60~70킬로미터에 이르러요.

땅이 부러지면서 일어나는 진동이 지진이에요

땅이 갈라지고 흔들리는 현상을 지진이라고 해요. 땅은 어떤 강한 힘을 받으면 휘어지기도 하고 모양이 바뀌기도 해요. 그리고 버틸 수 없을 정도로 더 큰 힘을 받으면 부러지듯이 땅이 끊어져요. 이것을 단층 작용이라고 해요. 말 그대로 단층이란 땅이 갈라지고 끊어지는 현상이에요. 그리고 단층 작용으로 땅이 부러지면서 일어나는 진동이 바로 지진이에요.

예를 들어 소시지의 양 끝을 잡고 살짝 구부리면 처음에는 부러지지 않고 휘어지지만 계속 구부리면 부러지고 말아요. 땅도 이와 같은 경우가 발생하는 거예요.

지각 판이 벌어져서 지진이 생겨요

지진이 생기는 이유 중 첫 번째는 지구의 표면을 만들고 있는 지각 판이 서로 벌어져서 일어나요. 이때 지각 판이 벌어지면 지각 틈새로 맨틀에 있는 뜨거운 마그마가 올라오면서 지진이 생겨요. 이때

지진은 어떻게 피해야 할까?

우리나라는 상대적으로 일본보다 지진이 덜 일어나는 나라예요. 하지만 방심하면 큰일을 당할 수 도 있어요. 그래서 평소에 미리 지진에 대비한 지식을 가져야 해요. 우선 지진이 일어나면 집안에 있을 경우 책상 밑으로 몸을 피하고 책상 다리를 꼭 붙잡고 있어야 해요. 그래야 떨어지는 물체들을 피할 수 있어요. 그리고 전기선을 건드리면 안 되고 물, 전기, 가스 등은 잠가야 해요. 그리고 건물 밖으로 나갈 때는 계단을 이용해야 해요. 밖으로 나오면 담벼락이나 간판 옆을 피하고 운동장처럼 넓은 곳으로 가야 해요.

는 지진이 별로 크지 않아서 사람들에게 큰 피해를 주지 않
아요.

지각 판끼리 밀고 들어가서 지진이 생겨요

두 번째는 다른 지각 판이 또 다른 지각 판의 밑이나 위로
밀고 들어가는 경우에요. 이때 서로 밀고 들어가면서 그 충
격으로 지각 판이 흔들리고 그래서 땅도 흔들리면서 지진이
일어나요.

지각 판이 서로 충돌해서 지진이 생겨요

세 번째는 두 지각 판이 서로 충돌하는 경우예요. 두 지각 판이 서로 부딪히는 경우의 피해는 다른 어떤 지진보다 무시무시한 충격을 불러와요. 그래서 서로 충돌한 지각 판은 엄청난 지진이 될 가능성이 많아요.

▲ 쓰나미가 밀려오는 모습

마그마가 쏟아지는 것이 화산이에요

사람들이 발을 딛고 사는 지각은 퍼즐처럼 여러 개의 판으로 이루어졌고 항상 움직이고 있어요.

이렇게 여러 판으로 이루어진 지각은 때로는 서로 부딪히면서 불쑥 솟구쳐 올라 산을 만들기도 해요. 이때 그 아래 틈새에 있던 마그마가 땅 위로 쏟아져 나와 굳는데 바로 이것을 화산이라고 해요.

마그마는 가스 때문에 화산이 돼요

마그마는 마그마 속의 가스 때문에 지각 틈새로 쏟아져 나오면서 화산이 되어요. 마그마는 젤리와 같은 액체 성분이지만 가스와 같은 다른 성분도 많이 섞여 있어요. 가스가 섞인 마그마는 땅 밑에서 늘 부글부글 끓고 있어요.

마그마는 끓는 물과 같아요

예를 들어 냄비에 물을 붓고 뚜껑을 덮은 채로 계속 끓이면 처음에는 그냥 물이 끓다가 나중에는 냄비 뚜껑이 들썩거리면서 수증

바다 밑의 화산이나 지진은 왜 쓰나미를 만들까?

우리말로는 지진 해일이라고 하는 쓰나미는 일본 말이에요. 지진 해일이 일본에서 자주 일어나기 때문에 일본어인 쓰나미가 널리 알려진 거예요. 쓰나미는 바다 밑에서 지진, 화산 폭발, 단층 운동 등의 지각 변동이 갑자기 일어날 때 그 영향으로 해일이 발생하는 것을 말해요. 이때 일어난 해일은 엄청난 속도로 바닷가로 몰려오면서 집과 사람은 물론 도시 전체를 삼키기도 해요. 일본은 이런 쓰나미로 인해 도시 전체가 파괴될 정도의 피해를 입었어요.

기가 냄비 뚜껑 밖으로 빠져나와요.

이 경우 냄비 뚜껑은 땅에 비유할 수 있고 끓는 물은 마그마에 비유할 수 있어요. 그리고 끓다가 그 힘을 이기지 못하고 물이 냄비 뚜껑을 넘어 나오는 것은 화산에 비유할 수 있어요.

마그마는 암석이 녹아 있는 거예요

마그마는 땅속 깊은 곳에서 반 액체 상태로 녹아 있는 물질을 말해요. 그리고 이것이 식어서 굳으면 암석이 되고 식지 않고 지상으로 올라오면 화산이 되는 거예요. 즉, 마그마는 암석이 녹아 있는 상태를 말해요.

▲ 붉은 마그마가 쏟아져 나오는 모습. 이것이 식으면 암석이 된다.

지구의 자전 때문에 생겨요

낮과 밤은 지구의 자전 때문에 생겨요. 자전이란 지구가 스스로 빙글빙글 도는 것을 말해요. 지구는 하루에 한 번씩 24시간 만에 한 바퀴씩 돌아요. 이때 태양을 향하는 부분은 낮이 되고 태양의 반대편에 있는 부분은 밤이 되는 거예요. 그래서 하루에 한 번씩 밤과 낮이 번갈아 나타나요.

지구는 소리보다 빠른 속도로 돌아요

지구는 사람과 비교할 수 없을 만큼 어마어마한 크기에 요. 이런 지구가 하루에 한 바퀴씩 자전을 하려면 얼마나 빠른 속도로 돌아야 할까요?

지구의 반지름은 약 6,400킬로미터예요. 이런 지구가 하루에 한 바퀴씩 스스로 돌기 위해서 1초에 무려 466미터라는 속도로 돌아야 해요. 그래야 하루에 한 번씩 낮과 밤을 만들 수 있어요. 소리는 1초에 340미터를 가니 지구의 자전 속도는 소리보다 훨씬 빠른 거예요. 그러나 사람도 지구와 같이 따라 돌고 있어서 전혀 느끼지 못하는 거예요. 이렇게 밤과 낮이 번갈아 있기에 생물은 잠도 자고 햇볕도 쬐면서 생존할 수 있어요.

▼ 아침이 되어 해가 떠오르는 모습

온도와 공기, 물 때문에 생명이 살 수 있어요

태양계에서 오직 지구에만 생명체가 살고 있어요. 아직 지구 외에 다른 행성에 생명체가 살고 있다는 증거는 찾지 못했어요. 지구가 다른 행성과 달리 생명체가 살 수 있는 것은 태양으로부터 적당히 떨어져 있기 때문이에요. 그래서 생명체가 살 수 있는 온도를 유지할 수 있어요. 두 번째는 지구를 감싸고 있는 공기 때문이에요. 지구 밖으로 나가면 중력이 약해 공기가 거의 없어요. 그래서 지구 밖은 진공 상태에 가까워요. 하지만 지구는 중력에 의해 많은 공기를 붙들고 있기 때문에 생명체가 공기를 마시며 살 수 있는 거예요. 세 번째로는 지구의 3분의 2를 덮고 있는 물 때문이에요. 사람의 몸도 3분의 2가 물이듯이 사람과 생명체는 생명을 유지하기 위해서는 반드시 물이 필요해요.

대기는 운석의 충돌로부터 지구를 보호해요

지구를 감싸고 있는 대기는 사람 몸에 나쁜 빛을 차단할 뿐만 아니라 혹시 생길지 모르는 운석의 충돌로부터도 지구를 보호해요. 운석이 지구로 떨어지면 대기와 부딪히면서 불타서 사라지고 말아요. 그래서 지구로 떨어지는 일이 거의 없어요. 그리고 대기는 산소와 질소가 적당히 섞여 있어

서 생명체가 살기 좋은 기압도 만들어주어요. 하지만 공기
는 우리 눈에는 보이지 않아요. 그러나 바람이 불면 공기가
있다는 것을 느낄 수 있을 뿐만 아니라 태풍이 불면 공기의
위력이 얼마나 대단한지 알게 되어요. 또 풍선이나 자전거
바퀴에 바람을 넣게 되면 빵빵하게 부풀어 오르는 것을 보
고도 공기가 있다는 걸 알 수 있어요. 그러나 다른 천체에는
이처럼 물과 공기 그리고 적당한 온도가 없어서 생명이 살
수 없는 거예요.

▼ 지구를 보호하는 옷과 같은 역할을 하는 대기

중력 때문에 달아나지 못해요

지구를 둘러싸고 있는 공기를 대기라고 하는데 대기는 수증기를 비롯한 여러 가지 기체로 이루어져 있어요. 그중에 질소와 산소가 제일 많아요. 대기에 있는 산소 덕분에 사람을 비롯한 다른 생명체가 숨을 쉬면서 살아갈 수 있는 거예요.

그런데 어떻게 지구에 있는 공기는 지구 밖으로 달아나지 않을까요? 그것은 바로 중력 때문이에요. 사람을 비롯한 생명체가 중력

때문에 지구에 붙들려 있듯이 공기도 마찬가지예요.

지면에서 높이 올라갈수록 공기의 양이 줄어들어요

지구를 둘러싸고 있는 대기는 지구 표면에서 약 1,000킬로미터 되는 곳까지 펼쳐져 있어요. 그리고 지구 표면과 가까울수록 밀도가 높고 지구 표면과 멀어질수록 공기의 밀도가 낮아요.

공기의 밀도란 일정한 공간에 공기가 들어 있는 양의 정도를 말해요. 밀도가 낮다는 것은 지구 표면으로부터 멀어질수록 중력이 약해지기 때문에 지구가 붙잡고 있는 공기의 양이 적다는 것을 뜻해요. 즉, 높이 올라갈수록 공기가 부족해지는 거예요. 그래서 지구에서 제일 높은 에베레스트 산은 지구 표면보다 공기의 양이 절반 정도밖에 되지 않아요.

태양열보다 복사열의 영향을 많이 받아요

태양과 지구의 어마어마한 거리를 생각하면 지구 표면에서 에베레스트 산의 높이는 무시해도 되는 거리에요. 즉, 태양열이 주는 온도는 평평한 곳이나 에베레스트 산이나 똑같은 거예요. 문제는 지구 표면의 온도가 주는 영향이에요.

지구 위의 온도 차이는 태양열보다 지구 표면이 내뿜는 열에 더

큰 영향을 받아요. 지구 표면이 내뿜는 열을 복사열이라고 해요. 에베레스트 산에 올라가면 태양과 가까워진 것은 무시해도 되는 아주 작은 거리이지만 지구 표면으로부터는 어마어마하게 멀어진 거리예요. 지구의 온도는 태양열과 복사열에 의해 결정되는데 에베레스트 산에 올라간 경우 태양열은 똑같지만 복사열은 거의 없어진 것이나 마찬가지예요. 그래서 지구 표면과 멀어지면 복사열이 계속 줄어들기 때문에 기온은 떨어지는 거예요.

'에베레스트' 라는 산 이름은 어떻게 생겼을까?

에베레스트 산은 높이 8,848미터로 티베트에 솟아 있는 세계에서 최고 높은 봉우리예요. 에베레스트라는 산의 이름은 이 산의 높이를 쟀던 에베레스트라는 사람의 이름을 따서 붙였어요. 하지만 옛날부터 티베트에서는 이 산을 '초모롱마'로 부르고 있었어요. 초모롱마는 '세계의 어머니'라는 뜻을 담고 있다고 해요. 그래서 국제적인 명칭을 초모롱마라고 고치려고 했지만 그렇게 되지 않고 여전히 에베레스트라 부르고 있어요.

100미터 높아질수록 0.5도씩 낮아져요

복사열이란 태양에서 나온 열이 지구를 데우면 그 열을

받아 데워진 지구가 다시 열을 내뿜는 현상을 말해요. 지구를 난로라고 생각하면 에베레스트 산을 오를수록 추워지는 이유는 쉽게 이해할 수 있어요. 바로 난로에서 멀어지면 추워지는 것과 같은 이치예요. 지표면과 가까운 곳은 지구의 복사열이 많아서 따뜻하지만 높은 곳으로 올라갈수록 지구의 복사열과 멀어지기 때문에 더 추워지는 거예요.

실제로 지표면에서 100미터씩 높이 올라갈수록 기온은 0.5도 정도씩 내려가요. 그러니까 높은 산에 올라갈 때는 저체온증의 위험에 시달리지 않으려면 반드시 여벌 옷을 챙겨 가는 것이 필요해요.

▲ 아프리카 열대에 있는 킬리만자로 산의 모습. 아래는 풀이 자라고 산 위에는 눈이 쌓여 있다.

기압의 차이 때문이에요

비행기를 타거나 높은 산에 올라가면 잠시 귀가 먹먹해지는 현상을 느끼게 돼요. 이때 침을 꼴깍 삼키면 괜찮아지기도 해요. 그런데 왜 비행기를 타거나 높은 산에 올라가면 귀가 먹먹해질까요? 그것은 공기의 압력과 귀의 구조와 밀접한 관련이 있어요. 우리 눈에는 보이지 않지만 공기도 무게가 있기 때문에 압력이 있어요. 이것을 기압이라고 해요. 기압은 땅과 가까울수

록 세지고 하늘과 가까울수록 약해져요. 기압이 센 경우를 '기압이 높다'라고 하고 기압이 약한 경우를 '기압이 낮다'라고 해요.

고막에 이상이 와서 먹먹해져요

사람의 귀에는 아주 얇은 막인 고막이 있어요. 평소에 고막 안쪽과 바깥쪽은 같은 기압으로 서로 균형을 이루고 있어요. 하지만 높은 산에 올라가거나 비행기를 타고 높이 날게 되면 갑자기 고막 안쪽과 바깥쪽에 기압의 차이가 생겨요. 이때 고막 안쪽보다 고막 바깥쪽의 기압이 낮아져요. 그러면 고막은 기압이 강한 곳에서 약한 곳으로 밀려 나오면서 귀가 먹먹한 기분을 느끼는 거예요. 하지만 한참 있으면 고막 주위의 기압은 다시 안쪽과 바깥쪽이 균형을 이루게 되고 먹먹한 현상도 사라지면서 편안한 기분을 느낄 수 있어요.

기압의 차이로 바람이 불어요

공기의 움직임을 바람이라고 해요. 공기가 살살 움직이면 시원한 바람이 되고 엄청난 속도로 이동하면 태풍 같은 무시무시한 바람이 되는 거예요. 그러면 바람은 왜 부는 걸까요?

한마디로 기압의 차이 때문에 바람이 불어요. 공기는 따뜻해지면 가벼워져 저기압이 되어 위로 올라가고 차가워지면 무거워져 고기압이 되어 아래로 내려와요. 이때 공기가 아래로 내려오면 다른 곳보다 공기가 많아지게 되고 반대로 가벼워져서 올라가면 공기는 주위보다 적어지게 되는 거예요.

공기는 고기압에서 저기압으로 이동해요

공기는 고기압에서 저기압으로 이동해요. 예를 들어 풍선에 압력을 주면 고기압이 되고 눌린 풍선은 다른 쪽을 밀어서 불룩하게 올라오게 만들어요. 이처럼 공기는 고기압에서 저기압으로 이동하게 되는데 세게 이동하면 센 바람이 되고 약하게 이동하면 약한 바람이 되는 거예요.

왜 높이 올라갈수록 숨을 쉬기 힘들까?

지구를 둘러싸고 있는 대기는 몇 개의 층으로 나누어져요. 먼저 지구와 가까운 낮은 곳부터 대류권, 성층권, 중간권, 열권 등으로 나눌 수 있어요. 이렇게 나누어진 층 가운데 공기가 있는 곳은 대류권이에요. 이 대류권까지는 사람이 숨을 쉴 수 있는 곳이에요. 지역에 따라 조금씩 차이는 나지만 대류권의 높이는 지상에서 평균 약 10킬로미터까지의 높이라고 해요. 에베레스트 산의 높이가 8,848미터이니 에베레스트 산은 거의 성층권에 닿아 있는 거예요. 그래서 높이 올라갈수록 밀도가 너무 낮아서 공기가 조금밖에 없어 숨을 쉬기가 쉽지 않아요.

기압의 차이가 클수록 센 바람이 불어요

바람은 기압의 차이가 클수록 세게 불어요. 고기압의 바람은 저기압으로 이동하여 저기압의 공기를 채워 주려고 해요. 이때 고기압과 저기압의 차이가 크면 공기는 빨리 이동하면서 센 바람이 되는 거예요. 그리고 고기압이 되어 공기가 아래로 내려올 때 이것을 하강 기류라고 해요. 보통 하강 기류에서는 날씨가 맑고 화창해요. 하지만 반대로 저기압에서는 공기 중의 수증기가 구름으로 변하고 비나 눈, 폭풍 등을 일으켜요.

▲ 저기압으로 인해 구름이 모이고 날씨가 나빠지는 모습

작은 물방울이 수증기를 만들어요

시원한 바람이나 따뜻한 햇볕에 빨래를 널면 아주 잘 말라요. 이때 빨래에 있던 물기는 다 어디로 갔을까요? 모두 빨래에서 떨어져 나와 공기 중에 수증기로 있어요. 그리고 수증기를 머금은 공기가 하늘 높이 올라가면 기압이 낮아져서 부피가 늘어나요. 또 하늘로 올라갈수록 온도가 낮아지기 때문에 다시 물방울로 변해요. 공기 중의 수증기가 물방울로 변한 것이 바로

구름이에요. 그러나 구름을 만든 물방울은 아주 작아요. 즉, 구름은 어마어마하게 많은 작은 물방울들이 모여서 만들어진 거예요.

낮은 데 있으면 안개, 높은 데 있으면 구름이 라고 해요

안개나 구름은 모두 작은 물방울들이 모여서 만들어지는데 부르는 이름은 달라요. 먼저 안개는 땅 바로 위에서 만들어지는 물방울들의 모임이에요. 안개는 땅 바로 위에서 공기 중의 수증기가 열을 빼앗겨 만들어져요. 반대로 구름은 공기가 하늘 위로 올

왜 오존층이 파괴되면 안 될까?

하늘에 있는 오존층은 햇빛에서 나오는 자외선으로부터 사람을 지켜 주는 역할을 해요. 오존층이 있기 때문에 사람이 햇빛을 직접 쐬어도 아무 문제가 없어요. 그런데 요즘은 프레온 가스 등으로 인해 하늘에 있는 오존층이 파괴되고 있어서 걱정이 많아요. 만약 오존층이 파괴되어 사람이 햇빛을 직접 쐬면 상상할 수 없는 재앙이 일어날 수 있어요. 반면에 하늘에 있는 천연 오존이 아닌 자동차 등의 공해로 만들어진 오존이 있어요. 이렇게 만들어진 오존은 사람 몸에 굉장히 해로워요. 그러니까 하늘의 오존은 지켜야 하고 공해로 만들어진 오존은 최대한 줄여야 해요.

라간 다음 식어서 만들어져요. 즉, 땅 위에서 만들어진 작은

물방울의 모임이 안개이고 하늘 높은 곳에서 만들어진 물방

울의 모임이 구름이에요.

▲ 사람과 지구를 보호하는 지구의 오존층

물방울에는 전기가 숨어 있어요

비구름을 만드는 물방울 속에는 아주 작은 양이지만 전기를 일으키는 힘이 숨어 있어요. 그런데 이런 작은 물방울도 어마어마하게 모이면 큰 전기를 만들어 낼 수 있어요. 전기는 원래 공기 중에서는 흐르지 않아요. 하지만 구름과 구름 혹은 구름과 땅 사이에 모여 있다가 순식간에 흐를 때가 있어요. 이것을 번개라고 하는데 이때 번개는 전기가 가장 잘 통하는 곳을 찾아 짧은 시

간에 이곳저곳으로 옮겨 다녀요. 그래서 번개가 치면 지그재그로 움직이는 거예요.

땅으로 떨어진 번개가 벼락이에요

전기는 음전기(-)와 양전기(+)로 이루어져 있어요. 이 음전기와 양전기가 구름 속에서 서로 이동하려다 보면 부딪히게 되는데 이때 순간적으로 방전이 일어나요. 방전이란 물체에 있던 전기가 밖으로 흘러나오는 것을 말해요. 밖으로 흘러나온 전기가 바로 지그재그로 번쩍이는 번개예요. 그리고 땅으로 떨어진 번개를 벼락이라고 해요. 벼

번개와 벼락을 어떻게 피할까?

번개와 벼락이 칠 때 혹시 있을지 모르는 위험에 대비해 몇 가지를 알아두면 좋아요.
첫째, 피뢰침이 설치된 건물 안으로 몸을 피해요.
둘째, 집에 있는 경우 전기 제품의 플러그를 빼어 둬요.
셋째, 대피할 때는 가능한 몸을 낮추어 움직여야 해요.
넷째, 벌판에 있는 나무나 키가 큰 나무의 주변을 피해야 해요.
다섯째, 자동차를 타고 있을 때는 시동을 끄고 그대로 있어요.
일곱째, 우산이나 깃발과 같이 끝이 뾰족한 물체는 버려요.

락은 번개보다 발생률이 낮아요. 그 이유는 구름과 땅 사이
에는 전기가 잘 흐르지 않아서 그래요.

천둥은 번개가 친 소리예요

천둥은 번개가 부딪히는 소리예요. 천둥은 번개가 먼저
친 뒤 나중에 쾅하고 들려요. 번개가 치면 엄청난 전기뿐만
아니라 엄청난 열도 함께 발생을 하는데 그 열에 의해 주변
의 공기가 갑자기 뜨거워지면서 순식간에 팽창했다가 다시
수축해요. 이때 공기의 진동 소리가 쾅하고 천둥소리로 들
리는 거예요.

번개보다 천둥소리가 늦게 들려요

천둥소리는 왜 항상 번개가 치고 난 뒤에 들릴까요? 그것은 속도 차이 때문에 그래요. 번개는 빛이고 천둥은 소리에요. 빛은 1초에 지구를 일곱 바퀴 반이나 돌아요. 하지만 소리는 1초에 340미터밖에 가지 못해요. 그래서 번개가 치고 난 뒤 천둥소리를 들을 수 있는 거예요. 번개가 치고 난 후에 천둥소리가 몇 초 뒤에 들리는지 시간을 재면 번개가 얼마나 먼 거리에서 친 것인지를 알 수 있어요.

물방울이 무거워지면 비로 내려요

구름은 하늘로 올라간 작은 물방울과 얼음의 알갱이가 모여서 된 거예요. 이 알갱이들이 모여서 커지면 땅으로 떨어지는데 이것이 바로 비예요. 그리고 겨울에는 눈이 되어 떨어질 수도 있어요.

수증기가 물방울이나 얼음 알갱이로 변해요

바다, 호수, 강 등에 있던 물이 태양 에너지에 의해 하늘로 증발되어 올라간 것이 공기 중의 수증기예요. 이 수증기들이 하늘로 올라가다가 찬 공기를 만나면 물방울이나 얼음 알갱이로 변해요. 유리창 안팎의 온도가 서로 다른 경우 공기 중의 수증기가 유리창에 김으로 서리는 것과 같은 이치예요.

물방울의 모임이 구름이에요

찬 공기로 인해 물방울이나 얼음 알갱이가 된 수증기가 하늘에서 뭉쳐 있는데 이것을 구름이라고 해요. 그리고 구름이 무거워지면 아래로 떨어져요. 처음 떨어질 때는 얼음덩어리로 떨어지다가 내려오면서 녹아 빗물이 돼요. 구름 속의 물방울은 10만 개 이상 모여야 하나의 빗방울을 만들 수 있을 정도로 아주 작아요.

산성비를 맞으면 왜 안 될까?

산성비란 공장 등에서 나온 오염 물질이 공기 중에 있다가 비와 함께 섞여서 산성화되어 내리는 것을 말해요. 오염 물질이 섞여 내리는 것이니 당연히 사람 몸에 좋지 않을 뿐만 아니라 자연에 있는 여러 생명체도 함께 오염시켜요. 산성비로 인해 물고기들이 떼죽음을 당하고 식물이 말라 죽기도 해요. 산성비는 바로 대기의 오염 때문에 생기는 비예요.

빛이 물방울에 부딪혀 생겨요

무지개가 생기려면 하늘에 많은 물방울이 남아 있어야 해요. 그래서 무지개는 맑은 날보다 하늘에 물방울이 많이 남아 있는 비가 온 뒤에 볼 수 있어요. 그리고 무지개는 비가 그치고 날씨가 개면서 햇빛이 날 때 생겨요. 비가 온 뒤에 햇빛이 비치면 이때 햇빛은 공기 중에 남아 있던 많은 양의 물방울과 부딪치게 되고 많은 양의 물방울과 부딪힌 햇빛은 굴절과 반사가 되면

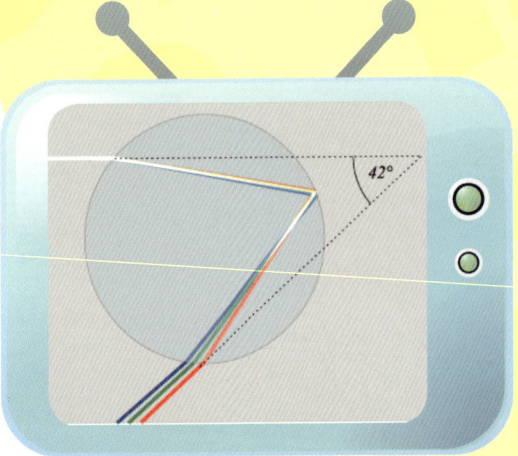

서 여러가지 빛깔로 튕겨 나가요.

무지개는 햇빛을 등져야 볼 수 있어요

꺾인 빛은 물방울 안에서 반사되어 다시 나와요. 이때 햇빛 안에 있던 여러 가지 빛깔은 각각 꺾이는 각도가 달라요. 그 각도에 따라서 위에서부터 차례로 빨강, 주황, 노랑, 초록, 파랑, 남색, 보라색을 띠는 무지개를 만들어요. 그런데 햇빛을 등지고 있어야 물방울에 꺾이고 반사된 무지개를 볼 수 있어요. 하지만 물방울에 오염 물질이 많이 섞여 있으면 햇빛은 잘 반사되지 않아요. 그래서 도시보다 공기가 맑은 시골에서 무지개를 보기 쉬운 거예요.

공부의 즐거움을 깨치는
〈공부가 되는〉 시리즈!

공부가 되는 세계 명화
글공작소 글 | 18,000원

공부가 되는 한국 명화
글공작소 글 | 18,000원

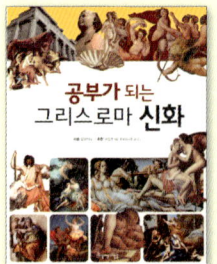

공부가 되는 그리스로마 신화
글공작소 글 | 12,000원

공부가 되는 별자리 이야기
글공작소 글 | 12,000원

공부가 되는 공룡 백과
글공작소 글 | 장은경 그림 | 13,000원

공부가 되는 탈무드 이야기
글공작소 엮음 | 12,000원

공부가 되는 삼국지
나관중 원작 | 장은경 그림 | 12,000원

공부가 되는 유럽 이야기
글공작소 글 | 14,000원

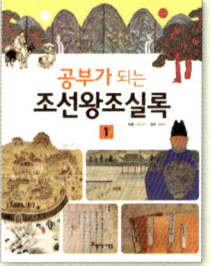
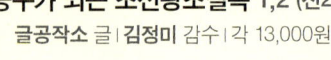

공부가 되는 조선왕조실록 1,2 (전2권)
글공작소 글 | 김정미 감수 | 각 13,000원

공부가 되는 저절로 영단어
다니엘 리 글 | 14,000원

공부가 되는 우리문화유산
글공작소 글 | 14,000원

공부가 되는 저절로 고사성어
글공작소 글 | 15,000원

공부가 되는 한국대표고전 1, 2 (전2권)
글공작소 글 | 각 13,000원

공부가 되는 셰익스피어 4대 비극·5대 희극 (전2권)
윌리엄 셰익스피어 원작 | 글공작소 엮음 | 각 14,000원

공부가 되는 논어 이야기
공자 지음 | 글공작소 엮음 | 14,000원

공부가 되는 식물도감
글공작소 엮음 | 37,000원

공부가 되는 경제 이야기 1,2 (전2권)
글공작소 글 | 각 13,000원

공부가 되는 한국대표단편 1,2,3 (전3권)
박완서 외 지음 | 글공작소 엮음 | 각 13,000원

공부가 되는 로빈슨 과학 탈출기
대니얼 디포 원작 | 글공작소 엮음 | 13,000원

 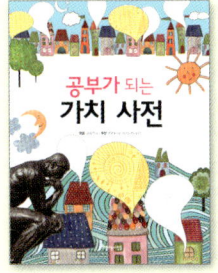

공부가 되는 일등 멘토의 명연설
글공작소 엮음 | 13,000원

공부가 되는 가치 사전
글공작소 엮음 | 13,000원

아름다운사람들